DE L'EMPLOI

DES

MOLLUSQUES

CHEZ

LES PEUPLES ANCIENS ET MODERNES

PAR

LE Dr A.-T. DE ROCHEBRUNE

aide-naturaliste au Muséum de Paris

PREMIÈRE LIVRAISON

PARIS

ERNEST LEROUX, ÉDITEUR

28, Rue Bonaparte, 28

1883-1884

DE L'EMPLOI DES MOLLUSQUES

ANGERS, IMPRIMERIE BURDIN ET Cie, 4, RUE GARNIER.

DE L'EMPLOI

DES

MOLLUSQUES

CHEZ

LES PEUPLES ANCIENS ET MODERNES

PAR

LE Dr A.-T. DE ROCHEBRUNE

aide-naturaliste au Muséum de Paris.

I

AMÉRIQUE

PARIS

ERNEST LEROUX, ÉDITEUR

28, Rue Bonaparte, 28

1883-1884

AVANT-PROPOS

L'usage des Mollusques comme substances alimentaires, l'emploi de leur enveloppe testacée dans la parure, l'ornementation, l'industrie, existe chez tous les peuples anciens et modernes.

Depuis le sauvage habitant des rivages de l'Australie, grillant sur des charbons le produit de sa pêche, jusqu'aux Romains, engraissant à grands frais des Huîtres, des *Helix* et aux Ostréiculteurs de nos côtes, émules des Romains; depuis les primitifs Troglodytes des Eyzies et de Menton, ornant leurs vêtements grossiers de *Luponia pyrum,* ou façonnant des colliers de *Nasses* et de *Littorines,* jusqu'aux élégantes de nos faubourgs populaires, portant au cou les camées sculptés dans la Coquille porcelainée des *Strombes* ou, suspendues à leurs oreilles, les spirales nacrées des *Zyziphus,* et les valves chatoyantes des *Mytiles,* on voit partout et toujours les mêmes besoins se traduire par les mêmes actes et s'accroître même au fur et à mesure des progrès de la civilisation.

L'étude de ces questions, commencée seulement depuis un petit nombre d'années, semble avoir été presque uniquement le partage de certains naturalistes et ethnographes anglais et allemands (1). Quel que puisse être le mérite de leurs œuvres dont nous n'avons point à discuter la valeur, on s'aperçoit, après une lecture attentive de ces publications, que le champ a été superficiellement exploré, et que dans les richesses chaque jour croissantes, apportées de toute part par les voyageurs, les naturalistes et les ethnographes de notre pays peuvent trouver, à leur tour, une mine féconde à exploiter.

Désireux de contribuer à ces études qui nous ont toujours semblé particulièrement intéressantes, nous allons essayer d'examiner, dans une série de mémoires successifs, les documents déjà fort considérables rassemblés au Trocadéro sur la Conchyliologie ethnographique.

Nous considérerons donc ce qui a trait à l'emploi des Mollusques, soit comme objets de parure ou d'industrie, soit comme substances alimentaires, tinctoriales, textiles, etc., etc., chez les peuples anciens et modernes.

Chaque étape, dans ce voyage à travers les collections de l'État, sera le sujet d'un travail spécial (2).

[1]) Parmi les mémoires les plus intéressants à connaître nous citerons les suivants :

Stearns, *Shell Money or Ornaments by the Aborigenes of N. America Amer. natur.*, III, p. 1-5 ; XI, pp. 344-348, pl. II. — *Californ. Acad. of. Sc.*, Vol. V., p. 113-120, pl. VI.

Stearns, *Remarks on the Use of the Genus Pecten by Man in modern and ancient times*, in Overl. Montly, apr. 1873.

Yates. *Money or Ornaments by the Natives of California.* (*Amer. nat.*, XI. p. 30-32, f. 2-3, et *Quart. Journ. Conch.*, 1877. p. 221.)

Barbier, *Shells found as Ornaments employed by the ancient tribes of Utah and Arizona.* (*Bull. of the Unit. Stat. Geol. and Georgr. survey of territ.*, II, p. 67.)

Wyman, *Freshwather Shells Mounds on the River Florida* (*Kjokenmodings*). (*Mem. of the Peabody Acad. of Art. and Sc.*, n° IV, p. 94, pl. 9.)

E. Martens, *Popular Lecture on Purple and Pearls* (*Sammlung Gemein Verstandlicher Wissenschaftlicher Vortrage*, edit. Virchow et Holtzendorf, sér. IX. p. 214.)

E. Martens, *Instances of the Shells, for culinary, ornamental or other Purposes in ancient and modern Times* (*Zeitschrift f. Ethnol.*, 1872, IV, p. 21-36. Suppl. *Verhandlungen d. Berlin Geselschaft. für Anthrop. Ethnol. u. Urgesch.*, 1872, p. 154-156.

[2]) Ces mémoires réunis formeront un volume pour chacune des cinq parties du Monde que nous aurons à étudier.

PREMIER MÉMOIRE

MOLLUSQUES DES SÉPULTURES DU BAS-PÉROU

La côte péruvienne était habitée, avant la conquête espagnole, par des groupes de populations qui se livraient à la pêche et dont les excursions devaient s'étendre sur un espace assez considérable, à en juger par certaines Coquilles rencontrées dans les sépultures.

Si en effet la majeure partie de ces Coquilles ont été recueillies sur place, puisqu'elles font partie de la faune littorale actuelle, d'autres proviennent de localités relativement éloignées. Ces dernières sont du reste en fort petit nombre; il en est d'ailleurs de même des espèces autochtones. Cette pauvreté donne à supposer que l'emploi des Mollusques n'a jamais eu une importance bien grande sur la côte du Pérou.

Les espèces alimentaires étaient particulièrement recherchées, aussi dominent-elles dans les sépultures, à titre d'offrandes funéraires. Ces mêmes espèces et d'autres encore, fournissent de grossières parures, fabriquées le plus souvent sans art, mais parfois aussi taillées avec une certaine habileté en formes d'ornements divers.

Dix espèces paraissent avoir été plus particulièrement choisies pour l'alimentation. Ce sont parmi les Céphalophores, une Patelle, le *Tectura viridula* (Lamk.); deux Fissurelles, les *Fissurella concinna* (Philipp.) et *Cumingii* (Reeve); un Torque, le *Trochus* (*Chlorostoma*) *ater* (Less.); le *Crypta Peruviana* (Lamk.), le *Sygaretus Grayi* (Desh.); et parmi les Lamellibranches, les *Venus dis-*

crepans (Sow.); *Ceronia donacia* (Lamk.), *Mytilus decussatus* (Lamk.), et une Huître, l'*Ostrea rufa* (Lamk.).

Des Pourpres, des Ranelles, des Natices, peut-être, servaient également à la nourriture. Il est plus probable, cependant, que certaines d'entre elles étaient adaptées à un autre usage que nous examinerons plus loin.

Parmi les ornements empruntés aux Coquilles, il faut citer en première ligne des colliers, des bracelets d'une facture primitive, il est vrai, mais où il est facile de reconnaître les traces d'un travail intentionnel.

Ces colliers dont nous joignons ici la figure (fig. 1), sont composés de fragments de Coquilles, généralement empruntés à la *Ranella ventricosa* (Brod.) et à la *Ranella argus* (Lamk.), quelques-uns, beaucoup plus rares, à un *Spondyle* sur lequel nous aurons à revenir. Ces fragments, de forme quadrangulaire ou pa-

Fig. 1. — Portion de collier en fragments de *Ranelles*. (*Mus. d'Ethnogr. Coll. Wiener.* No 4608.)

rallélogrammique, de 9 à 27 millim. de long sur 8 à 18 millim. de large et 2 à 6 millim. d'épaisseur, portent à l'une de leurs extrémités, amincie, des encoches longitudinales, simulant grossièrement des dents aplaties; la portion épaisse représente la couronne de la dent, la partie avec encoches figure la base des racines. Un trou d'un très faible diamètre, pratiqué dans toute la longueur du fragment, servait à passer le fil destiné à réunir les différentes pièces du collier, fil fabriqué parfois en poils de Lama, mais plus ordinairement en fibres de Bromeliacée (*Bromelia Karatus.* Lin.) Ces colliers en rappellent d'autres, faits de dents humaines et de Pouma (*Felis concolor.* Lin.) également propres aux sépultures du Pérou maritime. Sans doute ils étaient le partage des classes peu favorisées, tandis que ceux en dents véritables, rares et d'une grande valeur relative, étaient réservés aux chefs les plus influents.

Non seulement les Coquilles vivantes, mais aussi les Coquilles roulées étaient recueillies sur le rivage et utilisées par les ouvriers péruviens. Ce fait est rendu évident par l'examen de certains spécimens, portant des traces d'usure, semblables à celles que montrent les Coquilles longtemps remuées par la vague, ou encore des perforations, des galeries sinueuses, des érosions, dues à l'action de certains animaux, Annélides, Bryozoaires, Spongiaires, auxquels le test des Mollusques fournit en général un abri sûr, pendant la vie de l'animal d'abord, puis surtout après sa mort.

Fig. 2. — Collier en Coquilles de *Dactylus Peruvianus.* (*Mus. d'Ethnogr. Coll. Wiener.* No 4621.)

Les Coquilles d'Olives: *Dactylus Peruvianus* (Lamk.) et *Dactylus polpasta* (Ducl.), comptent parmi les plus communes dans les sépultures; elles paraissent avoir uniquement servi à fabriquer des colliers, parures brillantes mais vulgaires, destinées probablement aux femmes du peuple (fig. 2). Ces Coquilles n'offrent aucune trace de travail, seule l'extrémité de la spire est brisée pour donner passage au fil ou à la corde en fibres de Bromeliacée, servant à les enfiler bout à bout (fig. 3, p. 8).

Parfois à ces Olives sont associées quelques Pourpres, *Purpura Blainvillei* (Reeve.) et des Ranelles, *Ranella ventricosa* (Brod.); ces espèces tranchaient par leur volume et ornaient le milieu des colliers à titre de pendentifs.

Outre ces parures sans art, d'autres colliers et bracelets plus remarquables se sont rencontrés en assez grand nombre. Ils

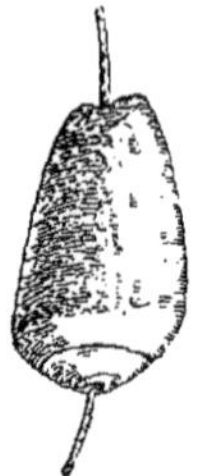

Fig. 3. — Coquille perforée de *Dactylus polpasta*. (*Mus. d'Ethnogr. Coll. Wiener*. No 4623.)

consistent en rondelles taillées dans la Coquille de la *Ceronia donacia* (Lam.). D'un diamètre de 4 millimètres, sur 1 millimè-

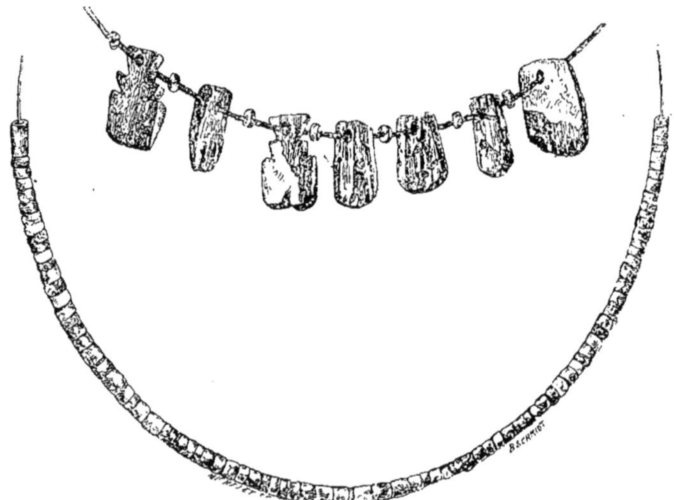

Fig. 4 et 5. — Colliers en rondelles de *Ceronia Donacia*. Dans le collier de la figure supérieure, ces rondelles alternent avec des fragments de *Spondyles* curieusement découpés. (*Mus. d'Ethnogr. Coll. Wiener*. Nos 4550 et 4581.)

tre et demi d'épaisseur, ces rondelles, traversées par un trou de 1 millimètre, réunies par un fil et empilées les unes sur les autres, forment une sorte de cordon d'égales dimensions dans toute sa longueur. Ces rondelles ainsi réunies, se comptent souvent par plusieurs centaines; parfois, on les voit colorées en rouge pâle, ou faiblement teintées de vert ou de bleuâtre; il n'est pas rare de rencontrer un ou plusieurs de ces colliers dans les *Petacas*, paniers rectangulaires des sépultures féminines; parfois ces petites rondelles sont associées à des portions de Coquilles de Spondyles diversement travaillées telles que les montre la fig. 5 ci-jointe.

Dans le récit de son voyage au Pérou et en Bolivie (1880), M. Wiener, au chapitre III, relatif à Ancon, donne (p. 49), une image défectueuse, que ne complète aucune description, portant simplement cette légende : « Coquillage, pièce centrale d'un collier. »

Fig. 6. — Poinçon fait d'une Coquille de *Fasciolaria princeps*. Ancon, département de Lima. (*Mus. d'Ethnogr. Coll. Wiener*. N° 2073.)

Il se peut faire que l'objet en question ait été une pièce centrale de collier, nous croyons cependant qu'il avait un tout autre usage.

Cette pièce intéressante, que nous représentons ci-dessus (fig. 6), et qui mesure 123 millim. de long sur 37 millim. de diamètre, est un spécimen de taille moyenne de *Fasciolaria princeps* (Sow.). La forme de la Coquille n'a pas été modifiée par le travail, ce qui permet de la rapporter avec certitude à l'espèce précitée ; mais une ornementation toute spéciale lui a été donnée.

Le *Fasciolaria princeps*, type, est particulièrement caractérisé par des côtes onduleuses élevées, disposées en spirales distantes, séparées par un intervalle concave, et faiblement noueuses seulement au sommet de la Coquille. Ici l'artiste a soigneusement fait disparaître toute cette ornementation naturelle, le test a été limé profondément, il est lisse, poli, brillant, un bourrelet accentué a été ménagé à l'angle de chaque tour de spire; de plus, sur la partie médiane de chacun de ces tours, des tubercules saillants et lenticulaires au nombre de sept ou huit par chaque tour, n'ayant aucune analogie avec les nodosités du type normal, ont été minutieusement façonnés. Des trous circulaires, pratiqués sur les trois derniers tours de spire, entre chaque tubercule, et remplis d'une matière gommo-résineuse, servent à maintenir de petites rondelles en tout semblables à celles des colliers que nous venons de décrire ; le sommet de la spire, coupé horizontalement,

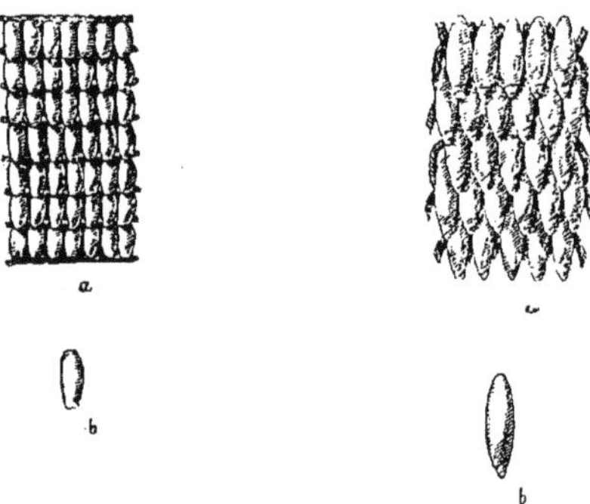

Fig. 7 et 8 — *a*. Portion de bandeaux couverts d'*Olivella columellaris* et de *Tornatina ethnographica ; b* la coquille isolée de grand. nat. (*Mus. d'Ethnogr. Coll. Wiener*. Nos 4573 et 4637.)

était fermé à l'aide de la même substance, dont une forte quantité remplit également le canal et les plis columellaires ; toute la région du canal est arrondie, amincie par un limage prolongé et taillée en pointe obtuse.

Deux trous pratiqués, l'un à la base du premier tour de spire, l'autre sur le bord externe de la bouche, ont certainement engagé M. Wiener à considérer la pièce comme ayant été suspendue à un collier. Un examen même superficiel démontre, cependant, que ces trous, dont le premier est rempli de matière gommo-résineuse, dont le second en porte des traces, identiques tous deux à ceux des derniers tours de spire, étaient cerclés comme ceux-ci de petites rondelles de *Ceronia ;* toute suspension était donc impossible; de plus, la forme même donnée au canal, indique que cette partie était destinée à percer. La pendeloque du collier d'Ancon n'est pas autre chose, pour nous, qu'un poinçon élégamment sculpté.

Les Coquilles de petite taille n'étaient point dédaignées par les industriels de la côte péruvienne; on les voit souvent en effet, disposées en broderies, servir à orner des étoffes. Tels sont les espèces de galons, larges de 3 ou 4 centimètres et plus, recouverts d'*Olivella columellaris* (Sow.) (fig. 7), pour ainsi dire tissées sur une trame en fils solides, passant à travers une ouverture pratiquée sur le milieu de la Coquille; telles sont aussi ces bandes fabriquées de même, avec leurs innombrables petites *Tornatina*[1] blanches, disposées côte à côte en lignes régulières (fig. 8); galons

Fig. 9. — Collier en coquilles de *Natica rapulum*. (*Mus. d'Ethnogr. Coll. Wiener*. No 4644.)

Fig. 10. — Coquille perforée de *Natica semisulcata* (*Mus. d'Ethnogr. Coll. Wiener*. No 4609.)

usités comme bandeaux de tête, ou disposés peut-être en bordures sur les *Ponchos*.

Il faut comprendre dans cette catégorie de broderies façonnées en Coquilles, les lanières faites de trois cordes de coton, maintenues juxtaposées à plat, par des fils ténus en poils de Lama (fig. 9) et dont celle du milieu était destinée à retenir des Coquilles de *Natica rapulum* (Reeve) et *semisulcata* (Gray), en formant de distance en distance des anses passées au travers d'une double ouverture, percée à la base de chaque spécimen (fig. 10).

Un brillant produit des Mollusques, la nacre, est représenté à la côte péruvienne par un nombre restreint d'objets.

Les plus simples sont des disques de 15 à 30 millimètres de diamètre, percés au centre, associés à des disques plus

1) Cette espèce des plus remarquables, nous a paru nouvelle. Nous la décrivons sous le nom de *Tornatina ethnographica*.

T. — *Testa cylindrica, lævigata, solida, alba, nitida; apertura elliptica, columella recta, crassa, subunidentata.* — *Long.* 0,005. *Lat.* 0,003.

grands, taillés dans la Coquille de grosses Fasciolaires et mesurant 45 millimètres de diamètre, sur 4 d'épaisseur.

Deux plaques de nacre des collections du Trocadéro présentent un travail plus compliqué :

L'une, trouvée à Ancon par M. Wiener (fig. 11), vaguement parallélogrammique, anguleuse au sommet, porte en haut deux encoches profondes, et s'infléchit de chaque côté, suivant une ligne courbe; la base faiblement concave est séparée des bords externes par deux autres encoches, un trou de suspension est situé à l'angle du sommet.

M. Wiener, qui a figuré cet ornement d'une manière insuffisante (*loc. cit.*, *p.* 581.), le donne comme « ornement central d'un

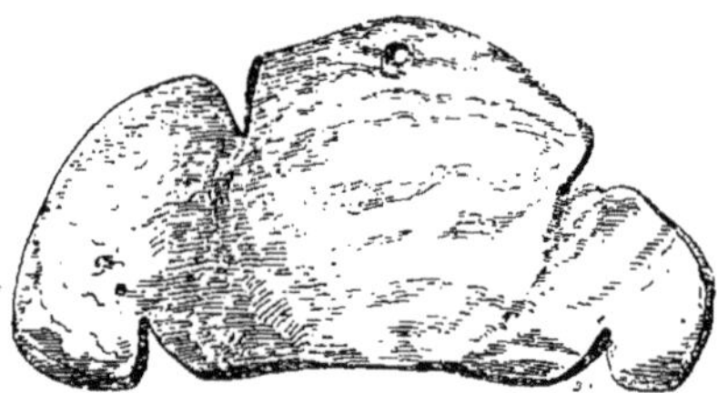

Fig. 11. — Pendeloque de collier ou pièce de bandeau en nacre. Ancon, département de Lima. (*Mus. d'Ethnogr. Coll. Wiener.* No 2037.)

Fig. 12. — Pièce centrale de bandeau de front (un Aigle mangeant un Poisson). Ancon. (*Mus. d'Ethnogr. Coll. Ber.* No 23108.)

bandeau frontal. » L'unique trou de suspension indiquerait plutôt, d'après la place qu'il occupe, une pendeloque de collier. Une pièce de bandeau, pour être fixée, doit porter tout au moins deux trous de chaque côté.

La seconde plaque trouvée par M. Th. Ber dans la même localité, représente un Aigle qui dévore un Poisson; quatre trous la traversent au sommet et à la base; cette fois nous comprendrions qu'on en fît « la pièce centrale d'un bandeau frontal » (fig. 12).

Parmi les objets que l'on peut aussi qualifier du nom de plaques, figurent des fragments de Coquilles, simulant des yeux sur les têtes postiches dont les Momies avaient habituellement le sommet recouvert.

Ces plaques, taillées dans les valves des *Callista rosea* (Brod.) et *Tivela radiata* (Sow.) affectent la forme d'un losange de 45 millimètres sur 37. D'autres plus petites mesurent seulement 29 millimètres sur 20. Au centre on voit un fragment de matière gommo-résineuse noire, destiné à trancher comme pupille sur le fond clair de la Coquille qui représente la sclérotique.

« Parfois, dit M. Wiener (*loc. cit.*, *p.* 581) les artistes d'Ancon gravaient des dessins sur les vases de bois; ils découpaient ces

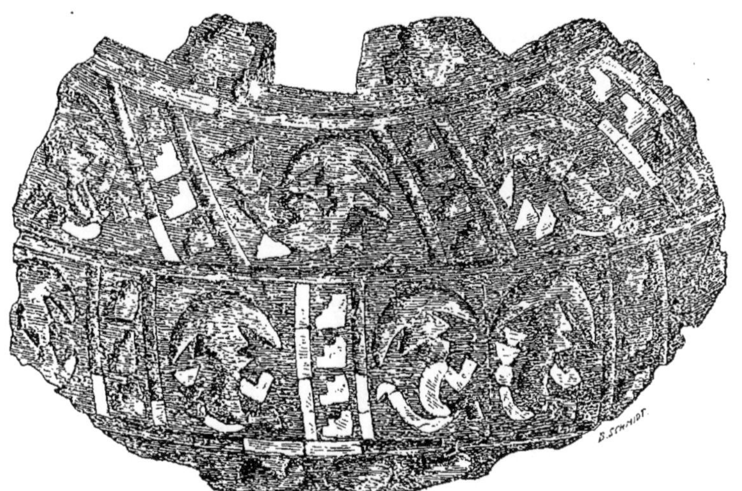

Fig. 13. — Fragment de boîte à bijoux en fruit de Calebassier incrusté de nacre. Ancon, département de Lima. (*Mus. d'Ethnogr. Coll. Wiener.* N° 4529.)

dessins en enlevant à peu près la moitié de l'épaisseur et ils y incrustaient de la nacre ou des os. »

Le musée du Trocadéro a en effet reçu de ce voyageur un fragment de boîte à bijoux en fruit de Calebassier (*Crescentia cajete.* Lin.), avec incrustations de nacre, représentant des Singes assis (fig. 13); c'est la seule pièce de ce genre que nous connaissions du Pérou.

Tout porte à croire que la nacre ainsi utilisée était extraite des coquilles du *Spondylus pictorum* (Chemtz).

Des ronds d'oreilles en bois de *Pavonia*, trouvés à Ancon par M. de Cessac, et mesurant une hauteur de 30 millimètres sur un diamètre de 35 millimètres et 26 millimètres d'ouverture, portent sur l'une des faces horizontales de petits disques en nacre incrustés dans le bois.

Indépendamment des os et de la nacre incrustés dans les objets préalablement sculptés, un autre mode d'incrustation était en faveur à Ancon. Nous avons déjà vu les petites rondelles maintenues à l'aide d'une matière gommo-résineuse ; d'autres spécimens, rappelant cette facture, présentent un certain intérêt ; ce sont les instruments que M. Wiener figure, sous le nom

Fig. 14. — Tube à fard en os d'Oiseau et terre cuite incrusté de crochets de *Ceronia donacia*. (*Mus. d'Ethnogr. Coll. Wiener*. N° 2078.)

inexact de « poinçons en bois de fer, avec incrustations » (*loc. cit.*, *p*. 49).

Nous allons décrire ici l'échantillon qui a servi de type à M. Wiener (fig. 14).

Par sa forme générale, il représente une petite massue terminée en cône subobtus. Il est décomposable en trois portions bien définies.

La partie principale, faite d'un os d'Oiseau, très probablement d'un humérus, s'adapte à un *cône en terre cuite noire*, très résistant ; à partir de la base de ce cône terminal, une couche de matière gommo-résineuse semblable à celle que nous avons déjà signalée sur d'autres objets, a été disposée et façonnée de manière à donner à l'ensemble un aspect claviforme. Cette couche est revêtue de poils de Lama et porte les incrustations dont parle M. Wiener.

Ces incrustations consistent en fragments de Coquilles, disposés assez régulièrement et à distance les uns des autres, comme autant de disques lenticulaires, à face externe convexe. La nature de ces fragments indique, à n'en pas douter, qu'ils ont été taillés dans les crochets des valves de la *Ceronia donacia*.

Loin de voir dans cet objet un poinçon, comme M. Wiener, nous le considérons comme un tube à fard. Très certainement, le voyageur n'aurait pas hésité à adopter cette opinion, s'il eût découvert dans la cavité de l'os des traces de cette poudre rouge dont sont remplies les portions de tiges de Bambusée (*Arthrostylidium Henkei.* Rupr.), désignées avec raison sur les étiquettes du musée, sous le nom de *tubes à couleur* ou *tubes à fard* et recueillies dans les *Petacas*. Tout s'oppose à ce que cet objet soit un poinçon; la pointe est trop épaisse et trop obtuse pour permettre de forer, et l'os d'Oiseau, creux, n'aurait pas pu présenter assez de résistance, sous une pression continue; l'ornementation dont il est revêtu est d'ailleurs extrêmement délicate et fragile.

Des Coquilles brutes avaient une destination analogue aux tubes à fard, les *Petacas* ont en effet fourni des valves de *Mytilus decussatus*, contenant une certaine quantité de poudre rouge identique à celle des tubes. Ces valves sont remplacées dans les sépultures des riches par des lames de cuivre et d'or, façonnées de manière à représenter avec une grande exactitude la figure même des valves de la Moule.

C'est encore au même usage qu'étaient destinés le plus souvent les Spondyles (*Spondylus pictorum*) trouvés dans les *Petacas*, ou épars autour des Momies. Souvent les deux valves de la Coquille, remplies de poudre rouge, étaient maintenues dans leur position normale, soigneusement enveloppées de coton ou de poils extraits des fruits du *Bombax ceiba* (Lin.). Nous serions disposés à voir dans ces Coquilles ainsi enveloppées de véritables boîtes à fard; celles des *Petacas* renfermaient la réserve pour les besoins de chaque jour; celles qui accompagnent les Momies ne servaient-elles pas à procurer la provision nécessaire pour le grand voyage d'outre-tombe [1]?

D'après un mémoire du Dr Velten, les valves de *Spondylus pictorum* d'Ancon auraient été sculptées [2]. Devant l'impossibilité de nous procurer le mémoire du naturaliste allemand, nous ne pouvons examiner si son opinion est fondée, car les seuls objets empruntés aux valves des Spondyles, que nous connaissions jusqu'ici, sont certains de ces colliers taillés en forme de dents, ou encore les rares plaques de nacre précédemment citées. Quoi qu'il en soit, la présence des Spondyles dans les sépultures est d'un intérêt majeur, car elle démontre de la manière la plus évidente les voyages effectués par les pêcheurs péruviens.

Le *Spondylus pictorum* ne vit pas actuellement sur les côtes du département de Lima qui ont fourni la plupart des échantillons déposés au Trocadéro. D'après tous les auteurs et notamment d'après Reeve [3], l'espèce serait localisée à l'île Plata (Island of Plata, West Colombie).

L'île ou îlot de Plata est situé à 13 kilomètres de la côte de la République de l'Équateur, par 1°, 18′, 45″ de latitude sud.

Les pêcheurs devaient donc, pour se procurer la Coquille précieuse, parcourir toute la ligne de côtes comprise entre les 1er et 12e degrés de latitude sud, puis se rendre sur un îlot complètement désert, environné de récifs, à 13 kilomètres du rivage.

Ces voyages, longs pour l'époque où ils étaient entrepris et pour les moyens de locomotion maritime dont disposaient les Péruviens, nécessitaient une certaine connaissance de la navigation. De plus, il était indispensable que les pêcheurs eussent en possession de puissants instruments de pêche, ou fussent de courageux plongeurs, afin d'aller arracher des Coquilles très solidement fixées aux roches madréporiques (« attached to Coral rocks ») à une profondeur de 30 mètres et plus (« at the depth of seventeen fathoms »). (Reeve, *loc. cit.* d'après Cumming [4].)

1) Il faut cependant observer que certains Spondyles ont été trouvés, à Ancon notamment, contenant encore des restes de l'animal.

2) *Sitzungsberichte d. Naturhistorischen Vereins d. Preussischen Rheinlande und Westphaplenc*. (Budge. Bonn.) XXXIV. 1877.

3) *Conch. Icon.* 1856, t. IX, *Gen. Spondylus*.

4) D'après le docteur Velten notre Spondyle ne vit aujourd'hui que sur la

Avant de terminer cette étude des mollusques utilisés à la côte du Pérou, il reste à examiner si l'art de la teinture, si florissant chez les Yuncas, n'a pas emprunté aux Mollusques quelques-unes des riches couleurs dont les étoffes sont ornées.

Dans notre travail sur la flore des sépultures [1], nous avons cherché à établir (p. 17) que plusieurs de ces couleurs provenaient des fruits, des feuilles, des tiges ou des racines de plantes, et nous en avons donné la liste; il en est d'autres dont l'origine végétale ne peut être acceptée, les teintes violettes et certains tons rouges sont de ce nombre.

Il suffit, pour s'en convaincre, après avoir consulté le savant mémoire de M. Lacaze Duthiers sur la pourpre [2], d'envisager les cinq nuances qu'il figure p. 83 de ce mémoire.

La matière purpurigène de diverses espèces du groupe des *Purpura*, des *Murex* et des *Trochus*, connue depuis la plus haute antiquité, n'avait point échappé aux pêcheurs péruviens, et de même que les matelots de Mahon, marquant leur linge avec le *Corn de fel* (Lacaze Duthiers, *loc. cit.*, p. 29), conduisirent le savant professeur de la Sorbonne, à résoudre l'énigme dont l'origine et l'emploi du mucus colorant des Mollusques était entourée, de même les pêcheurs du Pérou maritime surent se procurer une substance qui, maniée par des mains habiles, devait laisser sur les étoffes que nous ont légués les tombeaux, son empreinte brillante et indélébile.

C'est aux *Purpura Peruviana* (Souley.), et *Purpura Blainvillei* (Reeve), à la *Ranella argus* (Lam.), peut-être aussi au *Chlorostoma ater* (Less.), que la matière colorante dut être empruntée.

Des couches de cette substance si facile à recueillir à l'aide d'un instrument quelconque, étendues sur les tissus, puis soumises à l'action lumineuse, leur donnaient la teinte demandée.

En variant la quantité de matière et la durée de l'exposition

côte nord de Panama; si le fait est exact, il n'infirme en rien notre manière de voir, car l'espace à parcourir, pour se procurer la Coquille, était encore plus considérable, la côte du golfe de Panama, donnée comme habitat unique de l'espèce étant située par 6°,50' de latitude nord.

[1]) A.-T. de Rochebrune. *Recherches d'ethnographie botanique sur la flore des sepultures d'Ancon.* (*Bull. Soc. Linnéenne de Bordeaux*, 1879, et Tir. à part.)

[2]) *Ann. Sc. nat.*, 4e sér. *Zoologie*, XII, 1859.

au soleil, des tons dégradés étaient obtenus, depuis le violet sombre jusqu'au rose légèrement bleuâtre.

On trouve sur les étoffes péruviennes dont le Musée d'Ethnographie du Trocadéro possède une si belle et si complète collection, les cinq nuances de M. Lacaze Duthiers, diversement réparties.

Nulle teinture végétale n'eût pu les faire naître, et même en supposant le fait possible, elles seraient tout au moins profondément altérées. Au contraire elles se sont maintenues vives, au milieu d'autres couleurs modifiées ; preuve certaine de leur origine animale, car la matière purpurigène est remarquable par sa stabilité, par sa résistance surtout aux dégagements ammoniacaux. (Lacaze-Duthiers, *loc. cit.*, p. 29.)

La décomposition cadavérique n'a pu influer sur ces teintes, et les vêtements des Momies enfouies depuis plusieurs siècles, ont conservé sur leur trame rongée, la couleur primitive que le temps n'a pu détruire.

Non contents d'utiliser la Coquille même des Mollusques, les artistes du bas Pérou cherchèrent à copier leurs formes et appliquèrent ces modèles toujours exacts à l'ornementation des vases en terre cuite, si variés de facture et si nombreux dans les sépultures.

Trois gourdes en terre noire de Chimu-Capac et d'Ancon (Coll. Wiener et Quesnel), représentent chacune un *Spondylus pictorum;* les deux valves sont accolées dans leur position normale, le sommet sert de base, la partie postérieure, tournée en haut, est surmontée d'un goulot. L'un de ces vases mesure 15 centimètres de haut sur 11 de large, un autre a 20 centimètres sur 18.

Un envoi fait tout récemment par M. Drouillon, agent consulaire à Truxillo, renfermait un autre vase imitant un Spondyle.

A l'aide de cette série de spécimens, on suit pour ainsi dire pas à pas les progrès accomplis par les fabricants.

Tout d'abord, la forme de la Coquille est grossièrement reproduite; les détails sont ensuite copiés minutieusement; enfin un mode de faire fantaisiste apparaît avec des modifications plus ou moins accentuées dans tel ou tel sens, suivant l'inspiration de l'artiste, mais cependant sans exagération capable d'empêcher de reconnaître de prime abord, le type ayant servi de modèle.

Un quatrième vase, également en terre noire, trouvé à Truxillo, et donné au Musée par M. Macedo, est à anse tubulée. Sur cette anse grimpe un Singe ; la panse est accolée de deux Cônes, la spire tournée en haut, l'ouverture en avant. La forme et les dimensions de ces coquilles indiquent nettement qu'elles représentent le *Conus purpurescens* (Brod.).

On remarque encore au Musée du Trocadéro, provenant de l'ancien fonds (Bibl. Nat.), un vase double en terre blanchâtre, sur lequel figure un personnage portant en arrière de la tête, comme parure, une Coquille d'*Orthalicus regina* (Shut.). Cette Coquille terrestre est facilement reconnaissable par sa forme et surtout par la position senestre de sa bouche. La Coquille représentée est réduite en proportion de la grandeur du vase ; elle mesure cependant 5 centimètres de haut sur 3 centimètres de diamètre.

Deux autres vases en terre noire de Pacasmayo, faisant partie de la collection Pinart, réprésentent des personnages qui portent aussi des Coquilles. Dans l'un, le personnage a les mains jointes sur une Coquille de *Spondylus pictorum* tenue perpendiculairement sur son abdomen[1]. Dans l'autre, le sujet a les reins entourés d'une ceinture agrafée en arrière à l'aide de trois Coquilles de *Concholepas Peruviana* (Lamk.).

Chez le premier, le Spondyle mesure 50 millimètres de haut sur 40 de large, chez le second les Concholepas ont 24 millimètres sur 10.

Pour clore la série des mollusques dont la Coquille a été reproduite, il nous reste à étudier encore deux vases provenant de l'envoi de M. Drouillon.

Le premier, en terre noire et à anse tubulée, porte sur l'un des côtés de l'anse un Oiseau à la crête épanouie ; les bords de la panse portent trois Coquilles en relief que l'on doit considérer comme appartenant au genre *Bulimus*.

1) Un fragment de vase en terre rouge grossière d'Ancon représente le même sujet, plus sommairement exécuté.

La taille (27 mill. de long sur 15 mill. de diamètre) de ces Coquilles, leur forme ovale conique, leur spire à six tours, dont le dernier est ventru, permettent de les rapporter au *Bulimus derelictus* (Brod.), espèce commune dans la région.

Le second vase est des plus remarquable; fait en terre rouge grossière, il représente un *Bulimus maximus* (Sow.). Le Mollusque est en marche, ses tentacules appliqués le long de la Coquille et le pied largement étendu, le fabricant s'est plu à donner au mufle de l'animal une sorte de figure humaine, aux yeux saillants et à large bouche. Une anse tubulée surmonte le dos de la Coquille.

Ce vase mesure environ 20 cent. de long sur 12 de large.

LISTE MÉTHODIQUE DES ESPÈCES DE COQUILLES DES SÉPULTURES DU PÉROU MARITIME.

1. Ostrea rufa (*Lamk.*). — Alimentaire.
2. Spondylus pictorum (*Chemtz*). — Boîtes à fard, colliers, incrustations, Céramique.
3. Mytilus decussatus (*Lamk.*).—Alimentaire, récipient à couleur.
4. Ceronia donacia (*Lamk.*). — Alimentaire, incrustations.
5. Callista rosea (*Brod.*). — Œil postiche de Momies.
6. Venus discrepans (*Sow.*). — Alimentaire.
8. Tivela radiata (*Sow.*). — Œil postiche de Momies.
9. Tornatina ethnographica (*Rochbr.*). — Bandeau.
9. Tectura viridula (*Lamk.*). — Alimentaire.
10. Fissurella concinna (*Phillip.*). — Alimentaire.
11. — Cumingii (*Reeve*). — Alimentaire.
12. Chlorostoma ater (*Less.*). — Alimentaire.
13. Crypta Peruviana (*Lamk.*). — Alimentaire.
14. Sigaretus Grayi (*Desh.*). — Alimentaire.
15. Natica rapulum (*Reeve*). — Lanières tressées.
16. — semisulcata (*Gray*). — Lanières tressées.
17. Olivella columellaris (*Sow.*). — Bandeaux.
18. Conus purpurescens (*Brod.*). — Céramique.

19. Dactylus Peruvianus (*Lamk.*). — Colliers.
20. — polpasta (*Ducl.*). — Colliers.
21. Fasciolaria princeps (*Sow.*). — Poinçon.
22. Concholepas Peruviana (*Lamk.*). — Céramique.
23. Purpura Peruviana (*Souley.*). — Tinctoriale.
24. — Blainvillei (*Reeve.*). — Tinctoriale.
25. Ranella ventricosa (*Brod.*). — Colliers.
26. — argus (*Lamk.*). — Colliers.
27. Orthalicus regina (*Shut.*). — Céramique.
28. Bulimus derelictus (*Brod.*). — Céramique.
29. — maximus (*Sow.*). — Céramique.

DE L'EMPLOI

DES

MOLLUSQUES

CHEZ

LES PEUPLES ANCIENS ET MODERNES

PAR

LE Dr A.-T. DE ROCHEBRUNE

Aide-naturaliste au Muséum de Paris

DEUXIÈME LIVRAISON

PARIS
ERNEST LEROUX, ÉDITEUR
28, Rue Bonaparte, 28

1883-1884

DEUXIÈME MÉMOIRE

MOLLUSQUES DES SÉPULTURES DE L'ÉQUATEUR ET DE LA NOUVELLE-GRENADE

I

La rareté relative des Mollusques utilisés par les anciens habitants de la côte péruvienne, précédemment établie, s'accentue au fur et à mesure que l'on remonte la côte du Pacifique, dans la direction du nord.

En effet, quand après avoir laissé les Andes du Pérou, on pénètre dans celles de Quito qui leur font suite, et que l'on s'arrête aux lieux où des restes de l'industrie des peuplades de la République de l'Équateur ont été rencontrés, une pénurie extrême de Coquilles se montre dans les rares stations explorées.

Deux de ces stations seulement nous sont connues, et nous ne sachions pas qu'avant leur découverte par M. le baron de Günzbourg, auquel le Musée du Trocadéro doit la possession des pièces que nous allons décrire, rien ait été publié à leur sujet; du moins les recherches les plus minutieuses ne nous ont fourni aucun renseignement.

La première de ces stations est Pindiling, village des montagnes d'Oña, l'un des rameaux des Andes de Quito, non loin de la route de Cuença à Loxa par 79° de long. Ouest et 3° de lat. Sud; la deuxième un peu plus à l'ouest, est celle de Los Tres Molinos, à proximité de Guano et de Riobamba, par 78° de long. Ouest et 2° de lat. Sud.

Ces deux stations, distantes de la côte d'environ 3° et demi, renferment des sépultures où gisent les restes des anciens Puruhas.

Quatre objets en Coquilles en proviennent; tous ont été taillés dans les valves du *Spondylus limbatus* (Sow), Mollusque atteignant souvent une grande taille, considéré comme propre à la région panamique et assez fréquent sur le littoral, où les habitants de Pindiling et de Los Tres Molinos pouvaient se le procurer sans grandes difficultés, vu le peu d'éloignement de ces localités, de la première surtout, du golfe de Guayaquil.

Deux des objets les plus intéressants ont été fournis par les sépultures de Pindiling.

Le premier (fig. 15), taillé dans la portion la plus épaisse d'une

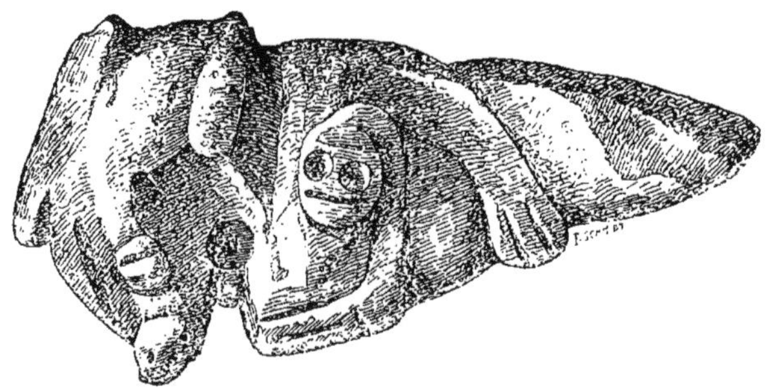

Fig. 15. *Spondyle* sculpté, trouvé à Pindiling. (*Mus. d'Ethnogr. Coll. de Günzbourg*, N° 9701.)

valve d'un gigantesque Spondyle, présente une pyramide triangulaire à côtés inégaux de 84 mill. de haut, sur 40 mill. de diamètre, à la partie inférieure, l'un des côtés le plus étroit (28 mill.) que nous appellerons côté postérieur, est rugueux, sans traces d'aucun travail, profondément érodé et perforé comme beaucoup de valves de Spondyles de grande taille[1].

[1]) Plusieurs valves de *Spondylus limbatus* (Sow.) et autres, de 15 centim de longueur sur 6 d'épaisseur, des Galeries du Muséum d'histoire naturelle de Paris, sont identiques à l'échantillon que nous décrivons.

Sur le côté le plus large (39 mill.) on remarque plusieurs sculptures. Au centre un personnage à tête arrondie, aux yeux circulaires, profondément excavés, à la figure divisée en deux par une strie profonde simulant la bouche, paraît assis de côté; le bras gauche est plié sur le ventre, deux stries profondes indiquent les doigts de la main écartés sur l'abdomen. A droite existe une excavation quadrangulaire profonde, de 12 mill. de largeur, portant au centre et un peu sur le côté, un trou dont la profondeur atteint à peine la moitié de l'épaisseur de la partie où il est pratiqué, ce trou correspond à un autre semblable, commencé du côté

Fig. 16. Statuette sculptée dans un fragment de *Spondyle*, trouvée à Pindiling. (*Mus. d'Ethnogr. Coll. de Günzbourg*, N° 9703.)

opposé; le travail de perforation, non entièrement achevé, dénote que là, l'ouvrier projetait de forer un trou de suspension.

Le côté droit de l'excavation porte une lame épaisse quadrangulaire sur laquelle est sculptée une petite tête analogue à celle du personnage central, derrière, un retrait suivi de trois encoches profondes indique le corps.

A la gauche du personnage central, et avoisinant l'extrémité de la pyramide, un bras terminé par une main grossière contourne le corps du dit personnage.

Sur le troisième côté de la pyramide, on observe deux profondes encoches, tout près de l'une est sculptée une main.

Le second objet, taillé dans une valve de Spondyle, identique à la précédente, à face postérieure rugueuse, représente un personnage ou une divinité (fig. 16).

Il mesure 70 mill. de long sur une largeur moyenne de 22 mill. et une épaisseur de 20 mill.

Le bloc, légèrement cylindro-conique, est divisé en deux portions par une entaille profonde et circulaire.

La portion supérieure délimite la tête. La face est quadrangulaire à front plat, les yeux arrondis et profonds sont écartés, deux entailles horizontales étendues de l'un à l'autre à une faible distance figurent le nez, en dessous une troisième entaille représente la bouche.

La région temporale et le modelé des pommettes sont délimités par une excavation au centre de laquelle une portion de la coquille, maintenue en saillie, marque la place des oreilles.

Le sommet de la tête, ce que l'on pourrait considérer comme la coiffure, est timbré à droite par une côte triangulaire, inclinée, assez saillante ; à gauche par une petite tête calquée, en quelque sorte, sur celle du personnage central du premier objet plus haut figuré.

La portion inférieure comprend la poitrine et l'abdomen.

Les bras courts sont repliés sur la poitrine, les mains écartées, une ceinture est indiquée par deux lignes circulaires ; l'extrémité inférieure de la statuette porte de chaque côté une tablette en relief qui semble indiquer l'origine des cuisses repliées en dessous ; au milieu existe une entaille de 2 mill. de large, longue, s'incurvant d'avant en arrière.

Le sculpteur a-t-il voulu par là marquer la séparation des

cuisses, ou plutôt cette entaille ne représente-t-elle pas le *Cteis*, si souvent reproduit sur les statuettes en terre-cuite ou en pierre des localités déjà étudiées?

La station de Los Tres Molinos ne contient pas d'objets aussi importants que ceux de Pindiling ; ce sont principalement des colliers.

L'un d'eux, accompagnant une momie des plus remarquables, déposée dans les galeries du Trocadéro, a été donné comme les précédents à cet établissement par M. le baron Gabriel de Günzbourg.

Comme tous les colliers rencontrés sur la côte du Pacifique, celui-ci est composé d'un nombre considérable de rondelles d'une grande régularité, enfilées bout à bout. Toutes, taillées dans la portion la plus mince des valves du *Spondylus limbatus*, sont blanches ou rouges suivant qu'elles ont été prises dans la partie blanche ou rouge de la Coquille.

Ces rondelles mesurent de 8 à 10 millim. de diamètre sur 2 d'épaisseur. Un trou central de 3 mill. de diamètre servait au passage du fil destiné à les réunir.

Les colliers sont accompagnés de lames sciées dans la Coquille des mêmes Spondyles, lames quadrilatères, de 55 mill. de long sur 9 de large et 5 d'épaisseur, première ébauche d'instruments d'un usage inconnu, analogues à ceux d'une facture plus compliquée provenant des sépultures de la République de la Nouvelle-Grenade, que nous étudierons plus loin.

II

En raison même de sa position géographique, Tunja, dont les ruines ont conservé les précieux spécimens, déposés au Musée d'Ethnographie, devait forcément se faire remarquer par le petit nombre d'objets en Coquilles, associés aux pièces sculptées, aux statuettes en terre, et à tant d'autres produits des industries locales, accumulés dans cette antique cité.

En effet, Tunja, ville de l'Amérique du Sud, appartenant au département de Bogoya dans la Confédération Grenadine, est bâtie sur une hauteur entre deux grandes chaînes des Andes, les sierras de Albaracin et Lomal-del-Viento dressées vers l'est, et une autre chaîne occidentale, dirigée presque parallèlement à une assez grande distance du côté du Pacifique.

Les habitants de Tunja n'avaient assurément que de rares communications avec les points où existent les Mollusques dont ils employaient les Coquilles, soit à la côte ouest dans les baies de Panama et du Choco notamment, soit sur la côte nord, dans le golfe de Morosquillo et la baie de Darien, et si les riches gisements des montagnes environnantes leur fournissaient directement des matériaux utiles, par contre, il leur fallait acquérir par voie d'échange les Coquilles des parages éloignés. Ces difficultés donnaient, sans nul doute, une valeur plus grande aux objets taillés dans ces Coquilles ; aussi malgré leur petit nombre, les voit-on revêtir des formes relativement compliquées que l'on ne trouve pas dans des stations d'ailleurs mieux favorisées.

Quatre espèces seulement composent la faune Malacologique de Tunja. Une gigantesque Patelle, la *Patella olla* ou *Mexicana* (Brod); une Fasciolaire, la *Fasciolaria salmo* (Wood) ; *l'Oliva splendidula* (Sow.); la *Venus multicostasa* (Sow.), nous paraissent avoir été uniquement employées. Toutes ces espèces vivent aujourd'hui dans les eaux du golfe de Panama et de la baie de Darien. On les rencontre également sur les rivages du golfe de Californie.

Les objets taillés dans la Coquille de nos quatre espèces de Mollusques, consistent en pendeloques ou amulettes, en rondelles pour colliers ; quelques-uns servaient à orner telle ou telle partie des vêtements, etc.

La *Fasciolaria salmo*, à cause même des tubercules coniques, regulièrement distribués sur ses tours de spire, caractère qu'elle partage du reste, on le sait, avec plusieurs de ses congénères, était tout naturellement indiquée, quand l'artiste désirait obtenir un fort relief sur une plaque sculptée : telle est la pendeloque ou la pièce de vêtement taillée dans le sommet du premier tour de spire d'un exemplaire de cette espèce; profondément concave en dessous, convexe en dessus, cet objet de forme quadrangulaire, à sommet percé d'un trou de suspension ou d'attache, porte en relief à sa partie antérieure une tête d'oiseau; la portion inférieure de la plaque étroite, coupée de chaque côté à angle droit et séparée de l'autre portion la plus large par des lignes en creux et en relief, représente la queue; d'autres lignes également en relief, dirigées obliquement de chaque côté de la tête, pourraient être considérées comme simulant les grandes pennes des ailes.

Une autre plaque, taillée dans la même Fasciolaire, est également quadrangulaire; percée en haut de deux trous d'attache, fortement dentée sur les côtés et le bord inférieur, elle présente en relief et à son centre, une tête d'homme, plutôt un masque carré, à nez proéminent, busqué et à bouche largement ouverte (fig. 17).

Fig. 17. Plaque en forme de tête humaine taillée dans une coquille de *Fasciolaria Salmo*, trouvée à Tunja.

Fig. 18. Plaque en forme de personnage? taillée dans une coquille de *Venus multicostata*, trouvée à Tunja.

(*Mus. d'Ethnogr. Coll. Pinart*, N°s 2234 et 2239.)

Quelques autres plaques, destinées aux même usages que les précédentes, proviennent des valves de la *Venus multicostata*.

La plus intéressante, de forme trapézoïdale, mince et parfaitement polie sur toutes ses faces, est ornée en bas et en haut, sur chacun des grands côtés, de deux encoches peu profondes; à la face inférieure existe une longue entaille parallélogrammique, au centre deux larges trous d'attache (fig. 18).

Deux autres plaques aussi trapézoïdales ne portent aucune ornementation; l'une mesure 30 mill. de long. sur 27 de large; l'autre, plus petite, ne dépasse pas 21 mill. sur 18.

Des rondelles de colliers et de bracelets taillées dans les valves de la même Vénus, ont été recueillies en assez grand nombre.

En général, elles sont d'une facture grossière, plus ou moins épaisses, plus ou moins arrondies et parfois anguleuses ou polyédriques (15 mill. de diamètre sur 4 d'épaisseur); certaines ont gardé les traces des côtes caractéristiques de l'espèce d'où elles proviennent, côtes souvent limées ou polies intentionnellement; beaucoup enfin ont une de leurs faces concave, l'autre convexe, ayant conservé la disposition particulière à la portion de valve choisie par l'artiste.

L'*Oliva splendidula* est représentée par un unique individu. Un trou de suspension est percé en dessus tout près du bord columellaire, la spire a été coupée par une section nette et perpendiculaire au plan de la Coquille.

Cet ornement, pièce centrale d'un collier, offre, comme les autres objets, une teinte blanche et crayeuse, due à un séjour prolongé dans les. tombes. Le brillant habituel aux Coquilles a complètement disparu; mais avant l'enfouissement, elles devaient constituer une élégante parure, car leur couleur d'un gris violacé pâle, leurs macules d'un brun verdâtre relevées de points noirs en faisaient un ornement supérieur comme éclat à bien des pierres précieuses.

Nous citerons enfin comme pièce de collier, une perle cylindrique de 10 millim. de diamètre sur 14 de long, traversée par un trou large de 3 millim. d'un côté et de 5 de l'autre, taillée dans un fragment de *Patella olla*.

Il nous reste à examiner plusieurs objets, façonnés comme la perle, dans la Coquille des grandes Patelles; leurs formes, leurs dimensions les éloignent de tout ce que nous connaissons jusqu'ici, et c'est avec bien des doutes que nous pourrons émettre des hypothèses relativement à leur usage.

On peut les diviser en deux catégories. Dans la première rentrent des ornements, outils peut-être, appartenant tous à un type commun, malgré quelques différences spéciales à la plupart d'entre eux.

On y reconnaît deux faces, l'une convexe et l'autre concave; une partie antérieure (sommet) épaisse, triangulaire, à pans coupés; une partie inférieure (base) large et mince; un trou de suspension enfin, pratiqué dans l'épaisseur du sommet parallèlement au plan concave (fig. 19).

Les dimensions de l'échantillon le plus grand sont les suivantes :

Longueur totale.	90	millim.
Plus grande largeur au sommet.	12	—
— — au milieu	24	—
— — à la base	31	—
Plus grande épaisseur au sommet.	16	—
— — au milieu	9	—
— — à la base	3	—

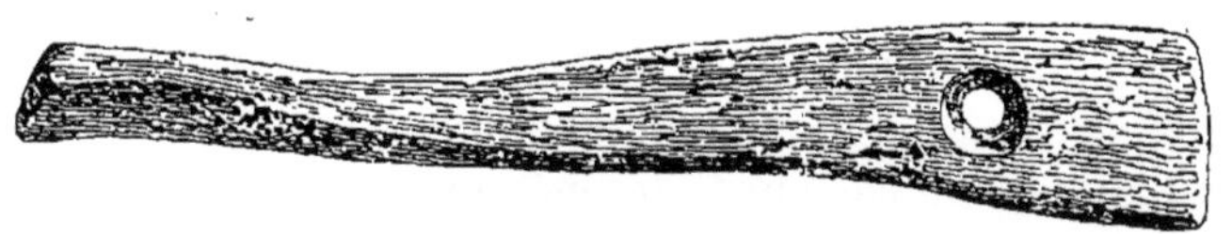

Fig. 19. Pièce de suspension taillée dans une Patelle, trouvée à Tuuja, Nouvelle-Grenade. (*Mus. d'Ethnogr. Coll. Pinart*, N° 2232.)

Les autres exemplaires varient par leurs dimensions plus petites, toujours plus étroites, mais conservent quand même le caractère du premier.

La seconde catégorie réunit des spécimens plus remarquables encore; au nombre de cinq, presque tous, pour ainsi dire, calqués sur le même modèle (fig. 20), ils consistent en une forte lame, sciée perpendiculairement dans la Coquille d'une Patelle; cette lame, longue de 84 millim, large de 6 et épaisse de 10, en moyenne, présente une face droite, arrondie à la partie antérieure, la plus voisine du sommet de la Coquille tectiforme; la courbe s'infléchit brusquement, et est suivie de deux retraits arrondis, imitant deux fortes dents mousses, puis la ligne de la face opposée à celle que l'on pourrait appeler dorsale, s'incurve légèrement, pour s'infléchir brusquement vers la pointe, où sont pratiquées deux grosses entailles obliques, la dernière terminale et soigneusement arrondie. Un trou de suspension existe en dessous de la seconde dent du sommet, percé dans le sens de la plus faible épaisseur.

Ces cinq objets peuvent-ils être assimilés à des pendeloques ou à des pièces centrales de colliers? C'est peu probable; leur forme, identiquement la même, fait penser qu'ils étaient faits pour être associés, et puis leur poids, leur longueur eut pu gêner l'individu porteur d'un semblable ornement, bien qu'il existe des colliers d'un poids beaucoup plus considérable.

Fig. 20. Pièce de suspension taillée dans une Patelle, trouvée à Tunja, Nouvelle-Grenade. (*Mus. d'Ethnogr. Coll. Pinart*, N° 5275.)

N'étaient-ils pas plutôt destinés à un usage analogue à celui de ces cordes à nœuds (*Quippos*) des sépultures péruviennes, véritables tables de numération bien connues? Nous serions porté à le supposer, mais nous émettons cette opinion sous la réserve la plus absolue, espérant que d'autres découvertes fourniront un jour l'occasion d'éclaircir une question aussi difficile.

LISTE MÉTHODIQUE DES ESPÈCES DE COQUILLES DES SÉPULTURES DE L'ÉQUATEUR ET DE LA NOUVELLE-GRENADE

1. Spondylus limbatus (*Sow.*). — Statuettes, colliers.
2. Venus multicostata (*Sow.*). — Plaques de vêtement, colliers.
3. Patella olla (*Brod.*). — Pendeloques? Quippos? perles.
4. Oliva splendidula (*Sow.*). — Pendeloques.
5. Fasciolaria salmo (*Wood.*). — Pièces de vêtement.

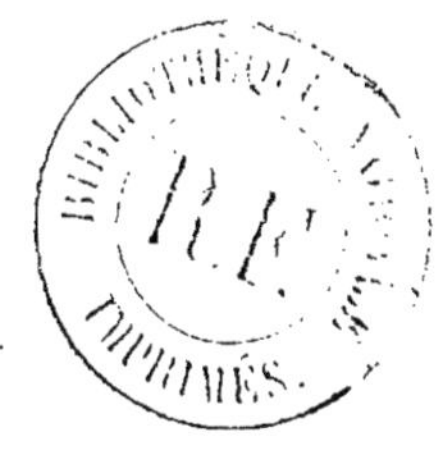